Thomas Lins, Patrice André Pa'ah

Etude de Cas de la Cooperative Agro Forestière de la Trinationale de Ngoyla au Cameroun

GRIN Verlag

Bibliografische Information der Deutschen Nationalbibliothek:

Die Deutsche Bibliothek verzeichnet diese Publikation in der Deutschen National-
bibliografie; detaillierte bibliografische Daten sind im Internet über http://dnb.d-
nb.de/ abrufbar.

Imprint:

Copyright © 2006 GRIN Verlag GmbH
Druck und Bindung: Books on Demand GmbH, Norderstedt Germany
ISBN: 978-3-656-25123-1

COMMUNITY FOREST ENTERPRISE

ETUDE DE CAS DE LA COOPERATIVE AGRO FORESTIERE DE LA TRINATIONALE DE NGOYLA AU CAMEROUN

Réalisée par : **Patrice André PA'AH**
Président du Conseil d'Administration /CAFT

Juillet 2006

ABREVIATION

COBABA	:	Communauté Ba'aBa
COBAM	:	Communauté Bamaboul de Menkouom
CODEL	:	Comité de Développement de Lelene
CODEM	:	Comité de Développement de Messok-Messok
CODENVI	:	Comité de Développement de Ngoyla Village
CODEVIE	:	Comité de Développement Villageois de Etekessang
CODOUM	:	Comité de Développement de Doumzock
COVILAM	:	Communauté villageoise de Lamson
COVINKO	:	Communauté Villageoise de Nkondong
DMA	:	Diamètre Minimum d'Aménagement
DME	:	Diamètre Minimum d'Exploitabilité
FAO	:	Fond Mondial pour l'Alimentation
FOB	:	Free On Bord
GPS	:	Global Positioning System
ICRA F	:	Centre International pour la Recherche en Agroforesterie
MINFOF	:	Ministère des Forêts et de la Faune
NC-UICN	:	Comité Néerlandais pour Union Mondiale Pour la Nature
OCBB	:	Observatoire des Cultures Baka et Bantou
ONADEF	:	Office National de Développement des Forêts
PFNL	:	Produits Forestiers Non Ligneux
SNV	:	Organisation Néerlandaise de Développement
WWF	:	World Wilde Found for Nature

1.1   Historique et situation de l'entreprise de forêts communautaires.

Depuis la création de l'Etat camerounais en janvier 1960 jusqu'au 20 janvier 1994, la gestion des forêts camerounaises a été centralisée au niveau du Gouvernement. Les citoyens camerounais jouissaient des droits d'usage traditionnel reconnus à tous les riverains des zones forestières. Cette situation a été entretenue par la répression et la dissuasion des communautés qui initiaient certaines activités basées sur l'exploitation et la valorisation économique des ressources naturelles forestières. Les titres d'exploitation forestière étaient octroyés sans consultation à la base. La situation était la même pour le classement définitif de certaines zones forestières en Parc ou Réserve de faune. La politique forestière camerounaise pendant cette période avait peu de considération en terme de perspective de durabilité et n'avait pas encouragé l'entreprenariat communautaire basé sur l'exploitation des ressources forestières.

La crise économique qui a sévi au Cameroun au début des années 1990 a amené le Gouvernement du Cameroun à mener des analyses sur les ressources stratégiques qui rapportaient des taxes à l'Etat et qui pouvaient avoir de l'influence sur le développement local et la réduction de la pauvreté. Cet exercice a été influencé par la politique internationale (Sommet de la terre de Rio de Janeiro en 1992) sur l'aménagement forestier durable et les enjeux de survie de la planète terre, et a ainsi abouti à la promulgation de la loi 94/01 du 20 janvier 1994. Cette loi a consacré la nouvelle politique camerounaise en matière de gestion durable des ressources forestières et fauniques par la décentralisation du système de gestion forestière et l'implication de tous les groupes d'acteurs et parties prenantes. Cette nouvelle politique camerounaise a prescrit les consultations des populations riveraines des forêts dans tout processus de classement définitif des différents types des forêts qu'elles soient du domaine permanent ou non permanent de l'Etat. Cette approche a donné lieu à une véritable ouverture à un cadre légal de l'entreprenariat communautaire dans le domaine des forêts au Cameroun. L'introduction de foresterie communautaire à travers les forêts communautaires est l'illustration de cette ouverture. Elle donne lieu à une implication réelle des communautés dans la gestion des ressources forestières dans l'optique de la production des biens et services, de la protection des ressources forestières et de la recréation. La politique forestière camerounaise projette le classement de 30% du couvert forestier national en aire protégée.

1.2   Système foncier dans la zone de forêt, les droits d'accès et les cadres   juridiques

Dans la mise en forme de cette politique, un plan de zonage a été décrété en 1996. Celui-ci a classé les forêts en deux grands domaines à savoir :
-    Le domaine forestier permanent dans lequel on retrouve entre autres les aires protégées, les unités forestières d'aménagement (UFA), les forêts communales
-    Le domaine forestier non permanent dans lequel sont classées toutes les forêts à vocation multiple par exemple les forêts communautaires.

Ce plan de zonage est une matrice perspective qui décrit la vocation actuelle et future de différents types forêts du Cameroun méridional. Si les forêts du domaine permanent de l'Etat sont plus restrictives pour l'accès des communautés aux différentes ressources naturelles forestières, les forêts du domaine non permanent par contre offrent plusieurs opportunités aux populations riveraines en terme d'accès et de valorisation économique des ressources forestières en vue d'améliorer le cadre de vie en milieu rural.

Les communautés villageoises de l'arrondissement de Ngoyla ont saisi cette opportunité pour se lancer avec l'appui de l'ONG locale OCBB dans le processus d'acquisition des forêts communautaires. Grâce au cadre juridique actuel, neuf communautés rurales de Ngoyla ont obtenu neuf (09) forêts communautaires en janvier 2004. Par la suite les neuf communautés ont créé la Coopérative Agro forestière de la Trinationale (CAFT).

La gestion des forêts communautaires et des espaces forestiers au Cameroun par les communautés villageoises se fait à travers un ensemble des textes juridiques qui prescrivent les principaux axes d'exploitation des ressources forestières. Le tableau ci-dessus présente une typologie des références des textes légaux relatifs à la gestion des forêts et qui ouvrent les opportunités d'implication des communautés rurales.

Tableau 1 : Extrait des textes légaux d'accès des communautés rurales aux ressources forestières

TEXTES DE REFERENCE	ARTICLES	QUELQUES INDICATIONS MAJEURES
Loi N° 94/01 du 20 janvier 1994 : elle définit la politique forestière du Cameroun dont l'un des objectifs est d'augmenter le degré d'implication et de participation des populations locales en matière de gestion durable des ressources forestières.	Article 8	Indique les droits d'usage et les droits coutumiers de la population vis – a – vis des forêts communautaires
	Article 37	Indique l'objet de la loi pour les forêts communautaires et l'utilisation des produits par les communautés
	Article 38	Indique l'objet de la convention de gestion de la forêt communautaire et les prescriptions d'aménagement
Décret N° 95/531 PM du 23 août 1995. Il fixe les modalités d'application du régime des forêts.	Article 3	Précise la convention de gestion et le plan simple de gestion
	Article 27	Superficie maximum de 5000 ha par forêt communautaire et les zones indiquées pour solliciter la forêt communautaire
	Article 28	Entités juridiques acceptables pour une forêt communautaire
	Article 29	Dossier d'attribution et responsable des opérations forestières
	Article 30	Durée de 25 ans pour la convention et le plan simple de gestion
	Article 31/ 32	Sanction administrative et suspension de la convention
	Article 95	Exploitation commerciale du bois des forêts communautaires
	Article 96	Procédures d'utilisation et distribution des bénéfices
Décret N° 2006/0129 /PM du 27 janvier 2006 modifiant et complétant certains dispositions du décret du 95/531/PM du 23 août 1995 fixant les modalités d'application du régime des forêts	Article 86	Permis d'exploitation pour le bois de chauffage, les perches ou bois d'œuvre en vue de la transformation artisanale réservée exclusivement aux camerounais

Decision N° 253/D/MINEF/DF avril 1998		Manuel de procédure d'attribution et des normes de gestion des forêts communautaires
Decision N°1985/D/MINEF/SG/DF /CFC du 24 juin 2002		Modalités pratiques d'exploitation en régie dans le cadre de la mise en oeuvre des plans simples de gestion des forêts communautaires.
Arrêté N° 252/A/CAB/MINEF/DF avril 1998		Modèle de convention de gestion des forêts communautaires dans le domaine national
Arrêté N° 0518/MINEF/CAB du 21 décembre 2001		Modalités d'attribution en priorité aux communautés villageoises riveraines de toute forêt susceptible d'être érigée en forêt communautaire.
Lettre Circulaire N° 0131 LC/MINFOF/SG/DF/SDAFF/SN du 28 mars 2006		Relative aux procédures de délivrance et suivi d'exécution des petits titres d'exploitation forestière

1.3   Systèmes de production, tendances et situation de marche

L'exploitation des ressources forestières au Cameroun est classée à deux niveaux à savoir :

-     **Le niveau de l'exploitation forestière industrielle**. L'exploitation forestière industrielle se fait par les grandes sociétés industrielles qui obtiennent et gèrent des grands espaces forestiers appelés concession forestière ou unité forestière d'aménagement (UFA) dans le domaine permanent de l'Etat. Ces sociétés d'exploitation forestière industrielle sont pour la majorité associées aux multi nationales européenne. Jusqu'en 1999, la grande partie de l'exploitation forestière industrielle était en grume. Ces grumes faisaient l'objet d'une exportation en Europe et en Asie. Depuis 2000, la législation camerounaise a prescrit la transformation locale dans les scieries industrielles de la grande partie du bois exploité. Les produits de premier choix qui sortent des ces scieries industrielles sont destinés à l'exportation dans les marchés européens et asiatiques. Cette exploitation forestière industrielle mobilise principalement les capitaux extérieurs. Les investissements et les équipements utilisés sont lourds, importés et coûteux tels que les banques interviennent et sont parties prenantes dans la facilitation de ces projets d'exploitation forestière industrielle. La gestion de ces entreprises forestières industrielles exige beaucoup de professionnalisme et surtout des partenariats stratégiques de haut niveau à cause des flux financiers importants.

-     **Le niveau de l'exploitation forestière artisanale**. L'exploitation forestière artisanale se pratique exclusivement par les camerounais dans la zone agro forestière à vocation multiple. Elle donne lieu à la mise en place de l'entreprenariat communautaire. Les petits permis d'exploitation sont délivrés pour ce type d'exploitation. Les communautés villageoises ont également accès à ces permis pour exploiter le bois d'œuvre, les perches, le charbon etc... Lors qu'une communauté villageoise signe une convention de gestion de forêt communautaire, cette convention permet automatiquement l'exploitation forestière en régie dans celle - ci. La superficie à exploiter n'excède pas 5000 ha en 25 ans. Dans le cadre d'une exploitation forestière en régie 1/25ième de la superficie accordée est autorisée à être exploitée dans toute forêt communautaire. Au préalable, la communauté doit être organisée en entité légale soit : en association, en groupe d'initiative commune (GIC), en groupe d'intérêt économique (GIE) ou en coopérative. L'exploitation forestière artisanale utilise principalement les engins légers moins destructifs. Ces conditions d'exploitation en elles – mêmes réduisent les capacités de production et les quantités. Les produits issus de cette exploitation artisanale sont principalement destinés aux marchés locaux et nationaux. De même les communautés qui exploitent ces forêts ont peu d'expérience pour l'accès aux marchés internationaux européens, américains et asiatiques. Cette exploitation forestière artisanale est difficile à cause des difficultés d'accès aux financements et à des critères de montage des dossiers financiers.

Par contre l'exploitation forestière artisanale a besoin des équipements technologiques pour la transformation artisanale des produits forestiers ligneux et non ligneux. La gestion des entreprises forestières communautaires est embryonnaire au Cameroun. Des insuffisances professionnelles sont observées dans la gestion d'entreprise communautaire. Il y a plusieurs considérations au même moment à savoir : d'une part les exigences quantitatives et qualitatives sur les produits à forte valeur ajoutée qui sont incompatibles avec les limites d'accès aux sources financières, aux moyens techniques et technologiques en zone rurale pour valoriser économiquement les ressources naturelles disponibles ; et d'autre part, Il y a les urgences sociales pour le développement local et l'amélioration du cadre de vie des populations rurales qui ne cadrent pas totalement avec les performances managériales communautaires. Cependant en toute considération, l'exploitation forestière artisanale doit permettre la réduction de la pauvreté en milieu rural. Tout cet environnement institutionnel de production forestière artisanale est nouveau et a besoin du développement et du renforcement des capacités organisationnelles et managériales communautaires afin d'accéder aux crédits productifs, aux accords de partenariat fiable pour produire et accéder aux marchés nationaux et internationaux. La CAFT est l'une des premières coopératives camerounaises à vocation agro forestière qui s'est lancée dans les approches techniques et technologiques novatrices ainsi que dans l'organisation communautaire pour produire et vendre afin de poursuivre les objectifs de gestion durable des ressources naturelles. Elle est l'unique coopérative dans la zone de Ngoyla. En somme, les forêts communautaires constituent de grandes opportunités de développement de l'entreprise communautaire car elles regorgent une grande variété et diversité des ressources naturelles. Les différentes techniques de valorisation de chacune des ressources dófiniront les types d'installation technologique en vue des transformations nécessaires des ressources en tonction des clionts et des niches des marchés nationaux ou internationaux ciblés.

2. SITUATION D'AMENAGEMENT LOCAL DES FORETS AU CAMEROUN.

L'Arrondissement de Ngoyla qui abrite le siège de la CAFT, est une unité administrative qui a été créée à la suite du décret présidentiel N°67/D/228 du 24 mai 1967 comme District. En 1991, le District de Ngoyla a été érigé en Sous Préfecture. Ngoyla est limitrophe au Nord avec l'Arrondissement de Lomié, au Sud avec la République du Congo, à l'Est avec le Département de la Boumba et Ngoko, à l'Ouest avec la Province du Sud. L'Arrondissement de Ngoyla est respectivement distant de Douala et Yaoundé à environ de 800 Km et 500 km.

Les populations autochtones de l'Arrondissement de Ngoyla sont composées de deux ethnies principales à savoir les Ndjyiem (Bantou) et les Baka (Pygmées). Ils sont installés le long des routes et pistes dans de petits villages qui ont à leur tête soit un Chef de famille particulièrement chez les Baka, soit un Chef de village de troisième degré dans les petits villages Ndjyiem (Bantou). Parmi les neuf villages qui ont sollicité les forêts communautaires, quatre sont des villages mixtes abritant les Baka et les Ndjyiem. Les proportions démographiques de ces deux groupes ethniques révèlent que les Ndjyiem et les Baka occupent respectivement 3/4 et 1/4 de la population totale de Ngoyla qui est estimée à 6.000 habitants. La zone est sous peuplée et a une densité démographique de moins d'un habitant / km2.

La végétation de l'arrondissement de Ngoyla est caractérisée par une forêt naturelle et dense sempervirente de type équatoriale (monographie du village Doumzoh, PA'AH, 1986). Plusieurs formations végétales y figurent dans cette grande diversité d'espèces biologiques. La végétation autour des villages est de type secondaire suite aux activités agricoles. Cette végétation n'a pas encore subi de fortes perturbations à cause de l'inexistence de l'exploitation forestière industrielle.

La zone de Ngoyla se trouve dans une situation idéale ou d'un coté il y a une richesse biologique importante à l'état naturel et de l'autre coté des populations engagées dans le processus de gestion participative des ressources naturelles qui se manifestent par l'intérêt pour l'acquisition des forêts communautaires. La zone de Ngoyla occupe une position stratégique au sein du projet transfrontalier des aires protégées (TRIDOM). Cette position lui permet de servir de corridor de déplacement des grands mammifères entre les réserves de faune du Dja et de Nki au Cameroun d'une part et d'autre part les Parcs de Minkébé au Gabon et d'Odzala au Congo. Cette position stratégique a permis de suspendre l'attribution des unités forestières d'aménagement aux sociétés forestières industrielles. C'est également une zone incluse dans le landscape décrit par WWF (World Wide Fonds) comme site à écologie fragile dans le bassin du Congo.

La flore de la zone de Ngoyla regorge plusieurs variétés d'essences reparties dans les catégories exceptionnelles, catégories 1, 2, 3, 4 et 5. *Annexe 1:* liste de quelques essences forestières principales de la zone. La flore herbacée est également abondante diversifiée.

Selon le plan de zonage du Cameroun méridional en vigueur depuis 1996, la surface forestière de l'arrondissement de Ngoyla est subdivisée en zone telle que présentée dans le tableau ci – dessous:

Tableau 2: Espace forestier de l'Arrondissement de Ngoyla en fonction du plan de zonage

Type de zone	Superficie (ha)	Usage Prioritaire	Observations
Délimitation administrative de Ngoyla	769.469	Multiples usages	Limite territoriale / découpage administratif de Ngoyla.
Forêt de production UFA (Unité Forestière d'Aménagement)	525.787	Production du bois d'œuvre et territoire de chasse communautaire	La forêt de production couvre totalement ou partiellement les sept UFA N°: 10-019, 10-027, 10-028, 10-032, 10-033, 10-034 et 10-035
Parc National de Nki	128.236	Conservation faune	Classé définitivement en 2005
Réserve écologique intégrale	52.643	Conservation biodiversité totale	Réserve non aménagée et menacée par les braconniers
Zone agro forestière ou à vocation multiple (foret communautaire)	39.488	Usages multiples (agricoles et forêt communautaire)	Neuf forêts communautaires obtenues de superficie : 17.950 ha; 11 forêts en cours soit : 21.518 ha
Zone minière	23.315	Production minière	Production des bois d'œuvre

Source: Equipe géomatique projet SNV/SDDL, SIG/Arcwiews, 2000). Annexes 2 : Cartes Cameroun Méridional et des forêts communautaires de Ngoyla

Faune

Dans tous ces types de zone forestière les indices biologiques de présence des grands et petits mammifères sont perceptibles. On y rencontre des trophées de plusieurs espèces d'animaux dans les cases d'habitat. Les populations concordent leurs points de vue sur la présence des éléphants, panthères, gorilles, chimpanzés, Mandrill, potamochères, reptiles (boa, vipère, et autres serpents, crocodile ...) singes, céphalophes, antilopes, Sytatunga, Bongo, oiseaux (Perroquet, Aigle, Toucan, Corbeau et autres) poissons etc.... Par ailleurs la riche faune de la zone de Ngoyla constitue la première cause des dégâts réguliers dans les champs vivriers et cacaoyers. Ces animaux sont abattus quotidiennement pour plusieurs raisons soit pour équilibrer les rations alimentaires en premier lieu, soit pour vendre afin d'avoir de l'argent pour l'achat des produits de premières nécessités. Les chasseurs attestent qu'il y a particulièrement une forte concentration d'animaux à proximité des clairières et des cours d'eau importants. La faune sauvage de Ngoyla est potentiellement menacée à cause du fait qu'elle constitue la seule source d'approvisionnement des protéines animales pour l'alimentation des populations de toute la zone de Ngoyla et les zones voisines.

Hydrographie

Le réseau hydrographique est très dense en petits cours d'eau. La grande majorité des cours d'eau de l'arrondissement de Ngoyla convergent dans la rivière Dja qui constitue leur bassin fluvial. Dans ce réseau hydrographique dense certains cours d'eau dominent tels que : Dja, Tim, Mye, Lessogone, Kpasselé, Nsogo, Mpoumpoué, Mindjebilé, Ngoya, Mwessé, Lolobyé. La pêche artisanale se pratique intensément dans tous ces cours d'eau pendant les saisons sèches.

2.1 Situation foncière, droit d'usage et cadre institutionnel de la CAFT

Selon le plan de zonage qui reparti les différents espaces forestiers, tout processus de classement définitif de chaque type des forêts reconnaît les droits d'usage des riverains. C'est dans cette logique de classement définitif de la zone agro forestière que les communautés villageoises se sont organisées en association de développement conformément à la loi 90 / 053 du 19 décembre 1990 portant sur les libertés d'association. Cette forme d'organisation leur a permis de solliciter l'acquisition des forêts communautaires grâce à l'appui technique de l'ONG locale OCBB. Dans la perspective de la mise en œuvre des neuf forêts communautaires, la CAFT a été mise sur pied par les neuf associations de développement pour pallier aux insuffisances organisationnelles et managériales internes dans chaque communauté dans la gestion des forêts communautaires
Le personnel des organes de gestion de la CAFT encadre et accompagne tous les gestionnaires des forêts communautaires dans la mise en oeuvre des plans simples de gestion, particulièrement dans les aspects d'administration, de planification, d'exploitation, de commercialisation et de conservation des ressources naturelles forestières ainsi que dans le réinvestissement des bénéfices issus de l'exploitation des forêts communautaires pour les activités productrices durables et rentables.

Partenariat privilégié de la CAFT

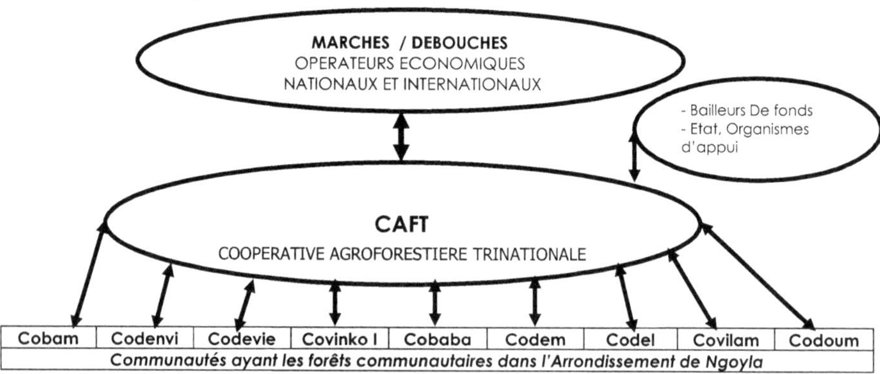

Chaque communauté ayant une foret communautaire est liée à la CAFT par un contrat de collaboration qui définit les droits et les obligations de chaque partie vis – à vis de l'autre. Les responsables de la CAFT proviennent des neuf communautés. Dans cette collaboration, les communautés produiront la matière première brute ou semi brute. Celles – ci sont en même temps actionnaires de la CAFT. La CAFT s'occupera de la collecte, du stockage, de la transformation et de la commercialisation des produits semis fins ou finis.

Tableau 2: Responsables des principales entités juridiques communautaires

Nom de l'Entité	Nom du Président	Responsable de gestion	Numéro de légalisation	Superficie gérée (ha)
COBAM	Pa'ah Patrice André	Gouah Gouah Emmanuel	20/RDA /B13/BAPP	3.500
CODENVI	Nanga Mathurin	Mpono Pierre	26/RDA/B13/BAPP	2.300
CODEVIE	Nanga Mbongo Felix	Nanga Emmanuel	21/RDA/B13/BAPP	2.750
COBABA	Metoul Ndong H. Charles	Babot Pascal	24/RDA/B13/BAPP	2.300
COVINKO I	Mekouobieh Paul René	Ngningone Jacquimart	23/RDA/B13/BAPP	3.220
CODEM	Assembé Bruno	Eloua Rephael	22/RDA/B13/BAPP	1.300
CODEL	Ngouelé Evariste	Memieh Ernest	25/RDA/B13/BAPP	1.400
CODOUM	Mebiam Martin	Ndjobab Jean Bernard	19/RDA//B13/BAPP	550
COVILAM	Ndong Ngnignim Rody	Nzié Rock	18/RDA/B13/BAPP	650
CAFT	PA'AH Patrice André		N. ES/CO/05/02/1536	**17.970**

2.1   Historique de la Coopérative Agro forestière de la Trinationale (CAFT)

La Coopérative Agro forestière de la Tri nationale (CAFT) a vu le jour à la suite d'une série de quatre ateliers d'analyse stratégique des enjeux liés à la mise en place des forêts communautaires à Ngoyla. Ces ateliers ont été organisés par l'OCBB (ONG locale) dans le village Etékessang avec les leaders des associations des forêts communautaires. Suite aux analyses pendant les ateliers, tous les leaders des neuf communautés villageoises ont été unanimes que seul un regroupement au sein d'une coopérative locale pouvait pallier aux insuffisances constatées dans le fonctionnement des organes exécutifs des associations des forêts communautaires. Les neuf communautés ont désigné des représentants respectivement au Conseil d'Administration et au Comité de Surveillance de la CAFT. Ces organes comptent respectivement neuf Administrateurs et trois Surveillants.
La CAFT a donc été créée le 07 décembre 2001 dans le village Etékessang (Arrondissement de Ngoyla) par les représentants des neuf associations des forêts communautaires de Ngoyla au cours d'une assemblée générale constitutive. Elle a été légalisée le 10 avril 2002 à Bertoua sous N° ES/CO/05/02/1536 conformément à la loi N° 92/006 du 14 août 1992 relatives aux sociétés coopératives et aux groupes d'initiatives communes et à son décret N° 92/455/PM du 23 novembre 1992.

2.1   Buts de la CAFT et dimensions de l'aménagement des forêts ; liens entre les aspects des marchés et les buts.

Les membres fondateurs de la CAFT sont les neuf associations des forêts communautaires. Les objectifs prioritaires de cette Coopérative sont les suivants :
- Introduire les nouvelles technologies et techniques dans les systèmes de production et protection agro forestière au sein des associations membres,
- Créer les centres d'approvisionnement /collecte / transformation / conditionnement des produits agricoles et forestiers (ligneux et non ligneux),
- Rechercher les meilleurs débouchés commerciaux et mettre en place les filières de commercialisation de tous les produits bruts, semis bruts et finis issus des producteurs affiliés à la CAFT
- Négocier les contrats engageant les membres pour les opérations de production, de transformation et de commercialisation des produits agricoles et forestiers (ligneux et non ligneux).

- Assurer une gestion transparente et une traçabilité respectivement dans les investissements et la redistribution des bénéfices aux membres et ayant – droits.

Dans cette perspective la CAFT entend introduire les méthodes modernes qui vont sécuriser et pérenniser les ressources naturelles des forêts communautaires. Ceci passera par le soutien de la mise en œuvre des directives d'aménagement forestier contenues dans les plans simples de gestion de chaque forêt communautaire conformément aux normes en vigueur au Cameroun. La CAFT et les communautés membres ont des intérêts très étroits dans la production, la protection/conservation et le respect des normes des prélèvements des ressources naturelles forestières pendant les vingt cinq années de durée des Conventions de Gestion des forêts communautaires.

Les communautés ont décidé de la création de la CAFT afin qu'elle joue également un rôle professionnel dans la création des *valeurs ajoutées* dans tous les produits provenant des activités de production et de protection dans les forêts communautaires de manière à assurer une durabilité sociale, économique et écologique.

Dans l'optique de garantir les différentes durabilités dans les forêts communautaires et au sein des communautés, l'ONG OCBB qui encadre ces communautés dans le processus a mis en œuvre un « projet de conservation des ressources génétiques dans les forêts de Ngoyla ». Ce projet a permis de réaliser les inventaires multi ressources à 100% dans toutes les neuf forêts communautaires. Les données obtenues permettent actuellement de faire des planifications pertinentes et réalistes pour l'exploitation des principales ressources forestières. Les mêmes données ont permis d'estimer les valeurs marchandes de chaque forêt par rapport aux produits forestiers ligneux. Actuellement la CAFT est capable de négocier les partenariats pour son insertion dans les filières et l'accès aux marchés en proposant les quantités exploitables par forêt communautaire. Les business plans et les technologies d'exploitation des ressources forestières donnent plus de clarté dans les systèmes valorisation économique des ressources naturelles. Actuellement la CAFT monte des projets d'exploitation forestière et sensibilise toutes les communautés sur l'exploitation forestière à faible impact. Elle recherche activement des investisseurs et des partenaires économiques pour développer des produits hauts de gamme labellisés par la forêt communautaire.

3.   ORGANISATION D'ENTREPRISE, GESTION, GOUVERNANCE

3.1   Structure de gestion

Organigramme De La CAFT

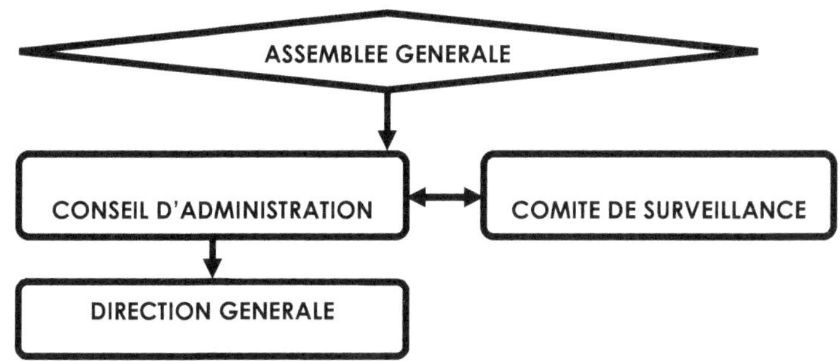

Tableau 3 : Rôle et responsabilité des organes de la CAFT selon les statuts

Organe	Rôle et responsabilité
Assemblée Générale	- Définit les orientations stratégiques importantes de la CAFT - Prend des décisions suprêmes de la CAFT - Délègue les pouvoirs d'exécution, de suivi et contrôle aux organes de gestion et d'administration
Conseil d'Administration	Exécute, suit et évalue l'application des orientations et décisions prises en Assemblée Générale
Comité de Surveillance	Exécute les activités du contrôle de la gestion interne de la CAFT
Direction Générale	Exécute les missions confiées par le Conseil d'Administration

3.2   Rôle des communautés locales dans la prise des décisions de la CAFT

La CAFT est animée par l'esprit de solidarité communautaire d'une part et d'autre part par la recherche des bénéfices. Dans ce sens, les principes d'équité, de transparence et de démocratie guident toutes les décisions qui sont prises au sein de la CAFT. Chaque Administrateur au sein du conseil d'administration est désigné par chacune des communautés membres pour défendre leurs intérêts. L'assemblée générale prend les grandes orientations de la CAFT et confie les missions au conseil d'administration. Celles – ci sont évaluées périodiquement. Les bénéfices qui seront réalisées au sein de la CAFT soutiendront les projets communautaires au sein des communautés respectives dans le cadre de la réduction de la pauvreté. Le processus décisionnel au sein de la CAFT est contrôlé de bout en bout par les associations membres bénéficiaires qui ont placé leurs représentants dans tous les organes de gestion.

3.3   Efficacité organisationnelle et capacité dans l'atteinte des buts

Le conseil d'administration est l'organe d'exécution de la CAFT. A ce titre selon les statuts, les neuf administrateurs de la CAFT proviennent de chacune des neuf communautés. Au sein du conseil d'administration, les administrateurs veillent sur les intérêts de leurs communautés respectives dans les débats et les engagements de la CAFT vis – à – vis des tiers. Ils ont le devoir de rendre compte auprès de leur communauté respective. Les administrateurs ont des responsabilités bien définies au sein du conseil d'administration pour faire face aux différents objectifs et engagements de la CAFT. Tous les aspects de gestion qui sont identifiés sont directement confiés à au moins un Administrateur. Nous avions ainsi des tâches directives, de suivi et d'exécution en passant par la gestion des conflits qui sont toujours latents dans la gestion des ressources naturelles et des revenus. Dans la perspective du développement de la CAFT, la direction générale aura délégation de plusieurs opérations de production afin que la CAFT soit plus efficace et efficiente dans ses engagements tant vis – à – vis des communautés membres que des partenaires commerciaux.

Tableau 4 : Membre du Conseil d'Administration, leur fonction ou responsabilité

Noms membres du C.A.	Fonction	Rôle / Responsabilité
Pa'ah Patrice André	Président du Conseil d'Administration	Préside, supervise et coordonne l'exécution des décisions de l'A.G.
Mikouoh Eloua Jean Nestor	Vice Président du Conseil d'Administration	Remplace le Président en cas d'empêchement, suit et évalue l'exécution des projets d'investissement,
Nanga Mbongo Félix	Secrétaire Général chargé de la gestion et de l'Administration	Gère les ressources humaines, des projets et micro projets générateurs des revenus,
Babot Pascal	Secrétaire Général Adjoint charge des finances et de la comptabilité matière	Planifie les dépenses et les recettes de la CAFT,
Amann Adeline Espérance	Conseillère en Gestion et Administration	Elabore les stratégies de management des ressources de la CAFT et de Marketing promotionnel des produits,
Metoul Ndong Herve	Magasinier – Comptable	Contrôle l'utilisation du matériel et livraison des commandes,
Memieh Ernest	Commissaire aux comptes	Contrôle les dépenses et les recettes,
Gningone Jacquemart	Commissaire aux comptes	Contrôle les dépenses et es recettes et publie les comptes.
Nanga Mathurin	Conseiller aux conflits internes	Contrôle l'environnement social et prévient les conflits latents

4.   PROFITABILITE D'ENTREPRISE

4.1   Production, transformation et marketing

Les forêts communautaires gérées par la CAFT sont des forêts aménagées ayant des plans d'aménagement approuvés par l'administration en charge des forêts. Les travaux réalisés en collaboration avec l'ONG OCBB dans le cadre du projet de conservation des ressources génétiques dans les forêts de Ngoyla ont permis d'évaluer avec plus de précision les différentes ressources naturelles contenues dans chacune d'elle. Les tableaux ci – dessous présentent le potentiel ligneux disponible et exploitable dans chaque forêt communautaire annuellement sur la base des inventaires multi ressources réalisées.

Tableau 5 : Possibilité annuelle des arbres dans les forêts communautaires au DME et DMA

FORETS COMMUNAUTAIRES	POSSIBILITE ANNUELLE (nombre d'arbres)		SUPERFICIE (ha)
	au DME	au DMA	
Doumzock (Codoum)	23,92	9,52	550
Lamson (Covilam)	71	30,52	650
Messok-Messok (Codem)	101,96	48	1300
Lelene (Codel)	110,04	47,36	1400
Ngoyla village (Codenvi)	143,92	58,64	2300
Zoulabot I (Cobaba)	186,8	76,48	2300
Etekessang (Codevie)	286,28	126,52	2750
Nkondong (Covinko 1)	180,12	71,76	3220
Menkouom (Cobam)	305,4	130,2	3500
Total	**1409,44**	**599**	**17970**

DME: diamètre minimum d'exploitabilité ; DMA : diamètre minimum d'aménagement

Tableau 6 : Possibilité volumique annuelle dans les forêts communautaires au DME et DMA

FORETS COMMUNAUTAIRES	POSSIBILITE VOLUMIQUE ANNUELLE (m^3)		SUPERFICIE (ha)
	au DME	au DMA	
Doumzock (Codoum)	111,45	62,59	550
Lamson (Covilam)	322,32	211,01	650
Messok-Messok (Codem)	620,95	403,59	1300
Lelene (Codel)	508,48	322,37	1400
Ngoyla village (Codenvi)	734,60	427,57	2300
Zoulabot I (Cobaba)	901,57	555,43	2300
Etekessang (Codevie)	1530,26	979,21	2750
Nkondong (Covinko 1)	966,26	570,40	3220
Menkouom (Cobam)	1544,71	953,97	3500
Total	**7240,60**	**4486,14**	**17970**

Ces deux tableaux ci – dessus proviennent des résultats du projet de conservation des ressources génétiques dans les forêts de Ngoyla. Ils indiquent le nombre d'arbres exploitables conformément aux normes officielles d'exploitation forestière ou d'aménagement forestier. La CAFT peut annuellement produire les volumes des bois d'œuvre ci – dessus. Ces quantités sont différenciées selon qu'on fait exclusivement de l'exploitation forestière ou l'aménagement dans les forêts communautaires. La réglementation a permis une planification de l'exploitation de ces forêts sur 25 ans conformément aux plans de gestion approuvés par l'Administration forestière. Cependant il est à noter que l'exploitation des arbres au DMA (diamètre minimum d'aménagement) est celle qui est plus durable dans le cas des forêts communautaires. Dans les conditions d'aménagement les neuf forêts communautaires peuvent produire journalièrement 12,29 m^3 de bois débité. Le véritable enjeu de la CAFT n'est pas dans cette production de matière première brute journalière, mais c'est de valoriser économiquement, rationnellement et efficacement le volume exploité. Pour cela, la CAFT doit développer des produits spéciaux et identifier des niches de marché afin d'avoir un positionnement stratégique qui se base sur le label forêt communautaire.

4.2   Informations financières, efficience, profitabilité, réinvestissement

En se basant sur les prix FOB par essence au mètre cube de bois d'oeuvre produit, la CAFT peut réaliser les revenus importants annuellement selon le tableau suivant.

Tableau 7 : Valeurs marchandes des forêts communautaires au DME et DMA

FORETS COMMUNAUTAIRES	REVENU TOTAL AU DME (F CFA)	REVENU /AN (F CFA) AU DME	REVENU TOTAL AU DMA (F CFA)	REVENU /AN (F CFA) AU DMA	SUPERFICIE (ha)
Doumzock (Codoum)	205 107 145	8 204 286	118 349 407	4 733 976	550
Lamson (Covilam)	502 497 833	20 099 913	321 507 555	12 860 302	650
Messok-Messok (Codem)	1 283 270 775	51 330 831	885 111 447	35 404 458	1 300
Lelene (Codel)	928 799 270	37 151 971	601 007 893	24 040 316	1 400
Ngoyla village (Codenvi)	1 760 183 715	70 407 349	1 132 530 729	45 301 229	2 300
Zoulabot I (Cobaba)	1 361 059 129	54 442 365	816 783 227	32 671 329	2 300
Etekessang (Codevie)	2 898 563 332	115 942 533	1 910 676 512	76 427 060	2 750
Nkondong (Covinko 1)	1 864 692 984	74 587 719	1 170 193 468	46 807 739	3 220
Menkouom (Cobam)	3 057 127 439	122 285 098	1 974 729 824	78 989 193	3 500
TOTAL	**13 861 301 624**	**554 452 065**	**8 930 890 062**	**357 235 602**	**17 970**

Source : Rapport capitalisation du Projet de conservation des ressources génétiques dans les forêts de Ngoyla

Ce tableau indique les revenus financiers que la CAFT peut produire annuellement et sur vingt cinq ans en tablant sur les prix FOB des bois débités. Dans les conditions d'une exploitation de bois d'œuvre en débité dans les normes d'aménagement, la CAFT peut générer les revenus bruts de l'ordre de **8 930 890 062 Fcfa soit 17 861 780,124 USD.**

Par contre au sein de la CAFT, la réflexion stratégique est résolument tournée vers la transformation au deuxième et troisième pour mettre sur le marché des produits semi fins et finis. Cette perspective permet d'améliorer les valeurs ajoutées des produits. On peut doubler ou tripler les revenus financiers bruts. Le bois exploité dans les normes d'aménagement forestier durable permettra de gagner annuellement **714 471 204 USD** ou **1 071 706 806 USD** si les outils de production sont performants et permettent l'amélioration de la qualité des produits. Ce flux financier peut radicalement servir pour la réduction de la pauvreté au sein de ces communautés villageoises. La gestion durable des ressources forestières sera un acquis à cause du strict respect des normes d'exploitation et permettra de stimuler le développement local par la réalisation des œuvres sociales et l'amélioration du cadre de vie. La CAFT est dans la situation où elle recherche activement et développe des partenariats capables d'injecter les moyens techniques, technologiques et financiers de production capables de faciliter la valorisation systématique du potentiel de production journalière qui est d'environ 12,29 m³ de bois en débité. La CAFT envisage de mettre sur le marché des produits semi fins et finis tels que les composantes des meubles du décor interne et externe des habitats, les objets artistiques, les jouets et les bijoux (barrette des cheveux, boucle d'oreille, etc) qui donnent des marges de valeur ajoutée au label de bois des forêts communautaires.

4.3   Avantage compétitif et positionnement au marché local et international

Les forêts communautaires sont de petits espaces forestiers de production agro forestière. Les communautés maîtrisent aisément ces espaces forestiers. Cette maîtrise de l'espace forestier villageois permettra de géoréférencer toutes les productions afin d'avoir une transparence et une traçabilité depuis la forêt jusqu'aux marchés. Le consommateur verra des étiquettes des produits qui porteront les coordonnées géographiques sur le lieu de prélèvement de la matière première. Cette approche permettra aux consommateurs des quatre coins du monde de pouvoir avoir la précision de la distance qui le sépare avec le lieu d'origine où la matière première du produit a été prélevé. Ces indications géo référencées sur les produits feront l'objet de la différenciation et donneront les avantages compétitifs des produits des forêts communautaires de la CAFT dans les marchés nationaux et internationaux. Certains produits comme les composantes des meubles seront destinés à la clientèle locale. Au niveau international, les produits d'art de la CAFT vont cibler l'accès aux marchés équitables et certains consommateurs qui voudront acheter nos produits dans le but de lutter directement contre la pauvreté. Les quantités des produits seront toujours limitées.

4.4   Appui technique et financier

Toute la stratégie de marketing des produits de la CAFT sera supportée par l'outil informatique et l'internet. La CAFT envisage soutenir les travaux d'exploitation forestière dans chaque communauté par l'utilisation du GPS, des logiciels de cartographie tel que Arcview et d'autres logiciels comme Excel et Access. La base des données ainsi créée facilitera l'accès aux informations et aux prises de décision tant pour les communautés que pour les partenaires et clients. Le plan de gestion de toutes les données générées au niveau des forêts communautaires mettra en exergue la promotion du label des forêts communautaires à travers un site Internet qui sera ouvert pour la CAFT. Il y aura également une cyber boutique pour les ventes à distance. Ce support informatique permettra aux bailleurs des fonds, partenaires techniques et clients de suivre les activités de production, de commercialisation et de conservation à toutes les étapes des activités de la CAFT et du développement des produits. Cette stratégie basée sur l'informatique et l'Internet facilitera le positionnement des partenaires techniques pour l'appui à donner à la CAFT. Il y aura également un accent sur la transparence car Par exemple une commande peut être suivie par le client depuis l'exploitation de la matière première dans la forêt jusqu'à la livraison.

Les productions agro forestières issues des forêts communautaires de Ngoyla se feront avec l'appui de la CAFT et seront éco labellisées. Les petits producteurs seront à la base de ces productions. Des indicateurs vérifiables seront identifiés et étudiés de manière participative avec les communautés bénéficiaires. De l'exploitation de la matière première en passant par la commercialisation du produit jusqu'aux réinvestissements des revenus pour le développement local, toutes les parties prenantes et les acteurs seront impliqués dans la formulation des critères et indicateurs de performance gage d'une bonne gouvernance forestière.

Le label forêt communautaire sera imprimé sur tout produit ainsi que les coordonnées géographiques d'origine des produits bruts. C'est-à-dire que tous les produits de la CAFT seront géo référencés pour faire la différence avec les produits de même type que les produits issus des exploitants forestiers industriels. Dans le cadre de l'exploitation du bois d'œuvre, la CAFT développera des spécificités pour certains produits comme les panneaux, les lambris, et les objets d'art d'habillage des meubles, de l'intérieur et de l'extérieur des maisons. Les bijoux, les jouets et autres objets d'art (cartes géographiques des pays et régions mondiales composées par les différentes essences forestières) seront également produits par la CAFT dans l'optique de valoriser le maximum de tout le bois récolté. Les produits forestiers non ligneux comme le miel, les fruits et amendes sauvages, racines, sèves et certaines écorces médicamenteuses seront destinés à tous les marchés.

Les études de marché préalables et précises permettront d'identifier les partenaires avec lesquels des contrats seront signés pour les produits de la CAFT. Certains produits seront plus orientés par rapport à certaines commandes des partenaires qui peuvent indiquer les caractéristiques spécifiques.

5.   BENEFICES ENVIRONNEMENTAUX ET L'IMPACT SUR LA BIODIVERSITE

La CAFT dispose des données fiables sur le potentiel des ressources naturelles disponibles dans toutes les forêts communautaires qu'elle exploitera grâce aux travaux conduits par l'OCBB. A cet titre la CAFT a fait l'évaluation de ce qui peut être prélevé en cas d'exploitation forestière exclusive ou en cas d'aménagement. Les connaissances des communautés sur le potentiel des ressources disponibles dans leurs forêts communautaires en terme de quantité, de qualité et de variété sont importantes pour les prises de décision et la gestion en amont et en aval des processus de production. La prise de conscience des gestionnaires des forêts communautaires pour la conservation des ressources menacées de disparition est un avantage certain et un bénéfice pour la conservation de l'environnement forestier.

Le style d'exploitation qui va se pratiquer dans toutes les forêts communautaires partenaires de la CAFT est celui de l'exploitation forestière à faible impact environnemental. Cette approche permettra de conserver les valeurs productives et culturelles de toutes les forêts exploitées. L'aménagement forestier applicable favorisera la reconstitution de la forêt au bout de 25 ans de validité de la convention de gestion. L'exploitation forestière se fera avec des scies portatives telles que les Lucas Mill qui seront transportées au pied de chaque arbre abattu. Le débitage sera effectué au pied des arbres abattus. La forêt sera moins perturbée du fait que tout se passera en respectant les dispositions sécuritaires pour pérenniser les ressources. Les engins lourds n'y pénétreront pas. Toutes les dispositions prises pour l'exploitation et la valorisation maximale des ressources auront des impacts positifs sur la conservation de la biodiversité et de l'environnement forestier en général.

5.1   Bénéfices socioculturels et l'impact sur le bien être

La décentralisation de la gestion forestière au Cameroun a consacré le rôle de gardien des forêts qui était dévolu et reconnu de manière tacite aux communautés riveraines des forêts. La foresterie communautaire a donné l'occasion aux communautés de s'intéresser davantage à la gestion durable des forêts. Cet intérêt s'accompagne du développement et du renforcement des connaissances traditionnelles pour la gestion et la valorisation économiques des ressources naturelles forestières. La gestion d'une forêt communautaire prise sous l'angle que la CAFT exigera un certain niveau de professionnalisme et de fiabilité pour les activités de production, de conservation et de commercialisation. Une multitude d'emplois se créera à partir de la production par exemple pour l'exploitation forestière on aura besoin des abatteurs, scieurs, affûteurs, menuisiers, des ébénistes, des artistes, des gestionnaires des ressources humaines, des ingénieurs forestiers aménagistes, des négociateurs et responsables en marketings pour la promotion des produits et la commercialisation.
La planification à court, moyen et long terme deviendra un élément essentiel pour la gestion des forêts communautaires dans l'espace et dans le temps. La gestion d'une forêt communautaire devient automatiquement comparable à une gestion d'entreprise professionnelle utilisant les normes de l'art pour assurer l'efficacité et l'efficience à tous les niveaux. Le pari attendu par tous les acteurs et parties prenantes à la gestion durable des forêts communautaires est de concilier les impératifs de développement pour réduire la pauvreté et les nécessités de conservation de toutes les valeurs de production de ces forêts. D'après les premières estimations de la CAFT les activités de production, de conservation et de développement induit créeront environ 200 emplois permanents dans la zone de Ngoyla qui seront repartis dans les différentes spécialités. Les six milles habitants de la zone de Ngoyla seront touchés par les flux financiers qui seront engendrés par l'exploitation des forêts communautaires. Le produit intérieur brut de la zone va s'améliorer.

5.2   Investissement sur l'infrastructure sociale

Les indicateurs extérieurs de bien être ou d'amélioration du cadre et des conditions de vie seront perceptibles à partir des infrastructures sociales et de l'habitat. Les revenus perçus directement au niveau de chaque communauté par les ventes des produits forestiers ligneux seront utilisés directement par les associations des forêts communautaires. L'amélioration de l'habitat est une urgence et une urgence. Ensuite, les revenus financeront l'approvisionnement en eau et électricité. Les magasins de stockage et de conditionnement des produits. Les bénéfices financiers qui seront récoltés par la CAFT serviront à acheter les équipements techniques productifs qui serviront plusieurs communautés; tels que les Lucas Mill, les tronçonneuses, les machines complètes de menuiserie, les centres de production et d'apprentissage pour les jeunes ruraux afin de former et d'avoir une main d'œuvre qualifiée pour les différents travaux. La CAFT appuiera également ses membres dans la réalisation de certaines infrastructures sociales (écoles, pistes champêtres, équipement sanitaire et dispensaire, équipement de communication, etc....) qui nécessiteront des moyens importants.

5.3   Produits de subsistance

Les Ndjyiem et les Baka qui sont les deux principales ethnies de la zone de la CAFT ont des modes de vie similaires du fait de leur dépendance aux produits forestiers non ligneux récoltés par cueillette, ramassage et chasse. Cette gamme des produits est récoltée le long de l'année suite au cycle de production de chaque espèce. On peut citer les chenilles, les champignons, les fruits sauvages de manguiers, moabi…, les tubercules sauvages, les écorces et feuilles, les animaux terrestres et les poissons. Tous ces produits forestiers non ligneux, complètent les produits d'agriculture qui sont à la base de la consommation quotidienne. La particularité des produits forestiers et d'agriculture est que les quantités sont essentiellement limitées à la consommation locale. Les ventes ne sont pas organisées, d'où les revenus faibles provenant de cette exploitation. La CAFT peut développer les filières de certains produits forestiers non ligneux qui sont produits dans la zone afin d'insérer les communautés intéressées dans les filières.

5.4   Biens, connaissances et l'identité culturelle

La très riche diversité biologique des forêts de la région de la CAFT a permis également aux populations autochtones d'avoir une riche connaissance sur les vertus des plantes de la région. Ces connaissances se révèlent sur la pharmacopée traditionnelle. La pharmacopée traditionnelle est basée sur l'utilisation de différentes parties des essences forestières (feuilles, fruits, fleurs, noyaux ou amandes, écorces, bois, sèves et racines...) Ces parties qui sont exploitées sous les formes ci – dessus ont permis le classement de certaines essences comme produits forestiers non ligneux. *Annexe 3* : Liste des essences classées comme produit forestier non ligneux.
A chaque pathologie locale correspond une variété des plantes qui peuvent être utilisée comme potion d'alimentation ou de massage etc… Certaines écorces des plantes sont utilisées pour avoir la chance dans divers domaines (affectif, chasse, pêche, rencontre,…) pour la protection etc… Les pygmées (Baka) sont encore détenteurs de plusieurs secrets sur l'environnement forestier du fait de leur attachement au milieu forestier naturel. Pendant certaines périodes de l'année les populations Baka vivent en forêt sans avoir besoin des produits vivriers à cause de l'abondance des produits forestiers comestibles. On constate que cette richesse culturelle qui est partie intégrante de notre identité culturelle est sous valorisée. Les recherches ne sont pas suffisamment faites pour capitaliser et documenter toutes ces connaissances traditionnelles. L'oralité domine tout processus de transmission des connaissances culturelles ancestrales.

5.5 Formations professionnelles et renforcement des capacités des membres des communautés des forêts communautaires

Le besoin en formation se fait ressentir avec acuité dans tout les processus de valorisation économique et culturelle de tout le potentiel forestier de la région. Il sera tout d'abord question d'identifier les secteurs et domaines intéressants et rentables sur le plan économique, social et culturel. Des outils et modules de formation seront ainsi conçus dans la perspective de codifier les niveaux d'apprentissage en fonction des capacités d'appropriation des domaines qui seront enseignés. Certains leaders communautaires pourront soutenir ces processus de formation pour pérenniser l'héritage culturel. La CAFT peut jouer un rôle dans la mise en place des infrastructures qui peuvent abriter les sessions d'apprentissage dans chaque communauté de la zone.

6. SITUATION MACRO - ECONOMIQUE ET LIEN ENTRE LES POLITIQUES ET LES REALITES LOCALES

La décentralisation de la gouvernance forestière au Cameroun ne s'est pas accompagnée de toutes les mesures capables de satisfaire les attentes placées sur la foresterie communautaire. Les communautés utilisent les forêts depuis toujours au strict minimum de l'exploitation des ressources forestières. Néanmoins les droits d'usage leurs sont reconnus du fait de la riveraineté. La loi de janvier 1994 qui a consacré la décentralisation forestière n'a pas pris en compte un certain nombre des facteurs limitants qui empêchent l'accès des communautés aux ressources naturelles des forêts communautaires à savoir :
- le niveau d'expertise et de technologie local limité pour accéder à l'information, monter et suivre les dossiers dans les circuits administratifs,
- le coût élevé des activités de montage des pièces des dossiers de demande d'acquisition des forêts communautaires,
- les exigences de qualité des produits très élevées pour accéder dans les filières et les marchés avec des produits compétitifs,
- le faible niveau d'expertise pour l'identification, la planification et l'exécution des projets de développement communautaire,
- les faibles capacités de gestion des flux financiers communautaires importants, et l'inexpérience dans la gestion des nouveaux types de conflits entre membres des communautés, avec les partenaires et les administrations.

Tous ces facteurs limitants ont été occultés par les administrations qui veillent à la bonne gestion des ressources naturelles forestières. Au demeurant, l'accès aux ressources forestières n'est qu'un concours de patience pour y accéder officiellement. Les financements font défaut et les ONG n'ont pas toutes les spécialités nécessaires pour soutenir les communautés. Dans les processus d'accès aux ressources naturelles, il y a toujours des coûts incompressibles pour l'intervention d'une expertise de haut niveau. La majorité des communautés manque toujours de l'argent.

Il est donc question face à ces insuffisances d'accès aux ressources de faire du lobbying pour baisser les coûts qui nécessitent obligatoirement un expert pour réaliser certaines tâches. Malheureusement à toutes les étapes des différents processus de gestion des ressources naturelles il faille intervenir du professionnalisme pour ne brader les ressources ou bien les produits. C'est fort de cette reconnaissance des insuffisances que l'Administration, les autres acteurs et parties prenantes doivent mettre les plates formes de concertations et les mécanismes appropriées pour le renforcement et le développement des capacités communautaires. Ces options stratégiques de redressement de ce déficit d'encadrement des communautés et de rapprochement entre les politiques et les réalités sont la voie salutaire pour l'empowerment communautaire. Pour réduire la pauvreté en milieu rural les communautés elles – mêmes devraient avoir les capacités de conduire leurs propres intérêts dans le sens qui leur convient. Le paradoxe en milieu forestier sera toujours de voir les populations marginalisées très pauvres qui ne profitent pas des lois et réglementations favorables et qui vivent entourées des ressources naturelles.

7.   PERSPECTIVES ET OPPORTUNITES

7.1   Résultats attendus dans un environnement favorable.

Les besoins de développement et de réduction de la pauvreté sont énormes. Les prélèvements des ressources naturelles dans les forêts et les ventes dans les formes brutes ne pourront jamais produire assez de richesse pour les innombrables besoins de développement communautaire. Le résultat attendu dans une situation idéale c'est l'inversion des tendances traditionnelles en mettant en place des micros entreprises coopératives communautaires en fonction des filières des produits. Cette base d'entreprenariat communautaire va valoriser économiquement beaucoup des produits forestiers ligneux et non ligneux qui sont toujours bradés au détriment des communautés et du développement local. Les spéculations actuelles sont de mettre sur le marché des produits semi fins et finis qui vont créer les emplois et générer assez des revenus financiers. Ces petites entreprises communautaires sont souhaitables pour stabiliser les populations dans leur milieu naturel.

7.2   Défis pour la pérennisation des bons résultats

Le challenge du futur est d'introduire et de consolider l'esprit d'entreprenariat et d'actionnariat communautaire pour valoriser économiquement les ressources naturelles abondantes. La CAFT s'inscrit dans ce registre de développement de l'entreprenariat et actionnariat communautaire. De même, la CAFT envisage mettre en évidence la possibilité qu'a une communauté à avoir les actions dans la petite entreprise communautaire en donnant la matière première au lieu de l'argent en espèce. Cette stratégie de développement de l'actionnariat communautaire évitera l'exploitation des ressources naturelles au détriment des communautés propriétaires de celles – ci. Les bénéfices de l'entreprise communautaire pourront être partagés équitablement avec les membres de toutes les communautés. La lutte contre la pauvreté peut ainsi être gagnée du fait que les communautés auront assez des ressources financières pour améliorer la qualité de vie au quotidien.

7.3   Potentialités d'expansions ou replicabilité de l'expérience de la CAFT

Tout le bassin du Congo est un massif forestier où les populations des zones rurales ont les problèmes similaires de pauvreté. Les causes et les effets sont les mêmes. Les cadres juridiques et les législations qui reconnaissent la foresterie communautaire dans tous les pays sont les premières possibilités d'expansion et de replicabilité des expériences. Ensuite, les expériences pilotes sont nécessaires pour créer l'effet de tache d'huile. Tous les pays de la région Afrique centrale sont entrain d'adopter la foresterie communautaire dans leur législation. L'expérience de la CAFT comme première coopérative des forêts communautaires deviendra la source d'inspiration comme cas pilote d'étude pour toutes les autres communautés rurales gestionnaires des forêts communautaires. La valorisation économique des multiples ressources naturelles peut être une réalité dans toutes les zones rurales forestières car la ressource est présente par contre ce sont les investisseurs privés qui manquent de confiance à ce secteur pour stimuler cet type des producteurs.

7.4   Leçons pour les initiatives similaires et capitalisation par le Gouvernement

La première leçon qui milite en faveur de l'approche de la CAFT est l'auto motivation des communautés bénéficiaires des forets communautaires dans la mise en place de la coopérative agro forestière. La CAFT initient les propositions en concertation avec les associations membres. Les mécanismes de transparence sont établis tels que les bénéficiaires contrôlent le processus à tous les niveaux. Les bénéfices de la CAFT sont automatiquement reversés auprès des communautés membres pour réaliser les projets prioritaires de développement local. Le système qui se met en place innove avec une approche d'actionnariat communautaire basée sur la contribution des ressources brutes et non sur les ressources financières. La recherche des financements pour l'acquisition des outils de production autonome à la CAFT favorisera la valorisation économique des ressources naturelles.
Les filières se développeront de manière induite dans la zone rurale dès lors que chaque production prendra de l'importance.
Cette approche d'entreprenariat et d'actionnariat communautaire stabilisera les communautés rurales par la stimulation de l'économie locale par les flux financiers et les emplois qui vont se créer et se diversifier. L'intégration do l'outil informatique et dc l'Internet dans la gestion de la CAFT permettra une grande ouverture de la CAFT au monde extérieur et une large diffusion des informations produites.

8.   LE SUPPORTS ET ANNEXES

Liste des essences inventoriées dans la foret de COBAM

Noms communs	Noms Scientifiques	Familles	Effectifs	Densités	%
Abalé	*Pethersianthus macrocarpus*	Lecythidaceae	558	0,1594	5,3664
Abam	*Chrisophyllum lacourtiana*	Sapotaceae	264	0,0754	2,5389
Aiélé	*Canarium schweinfurthii*	Burseraceae	206	0,0589	1,9812
Alep	*Desbordesia glaucescens*	Irvingiaceae	344	0,0983	3,3083
Amvout	*Trichoscypha arborea*	Anacardiaceae	115	0,0329	1,1060
Andok	*Irvingia gabonensis*	Irvingiaceae	134	0,0383	1,2887
Angueuk	*Ongokea gore*	Olacaceae	15	0,0043	0,1443
Anigré	*Aningeria spp*	Sapotaceae	237	0,0677	2,2793
Assamela	*Pericopsis elata*	Papilionaceae	33	0,0094	0,3174
Assila	*Maranthes chrysophylla*	Rosaceae	51	0,0146	0,4905
Avodiré	*Turraeanthus africanus*	Meliaceae	6	0,0017	0,0577
Ayous	*Triplochyton scleroxylon*	Sterculiaceae	31	0,0089	0,2981
Azobé	*Lophira alata*	Ochnaceae	10	0,0029	0,0962
Bahia	*Mitragyna ciliata*	Rubiaceae	26	0,0074	0,2500
Bété	*Mansonia altissima*	Sterculiaceae	17	0,0049	0,1635
Bibolo afum	*Syzygium rowlandii*	Myrtaceae	88	0,0251	0,8463
Bilinga	*Nauclea diderrichii*	Rubiaceae	10	0,0029	0,0962
Bossé clair	*Guarea cedrata*	Meliaceae	73	0,0209	0,7021
Bossé foncé	*Guarea thompsonii*	Meliaceae	34	0,0097	0,3270
Dabéma	*Piptadeniastrum africanum*	Mimosaceae	426	0,1217	4,0969
Diana	*Celtis tesmannii*	Ulmaceae	192	0,0549	1,8465
Dibétou	*Lovoa trichilioides*	Meliaceae	568	0,1623	5,4626
Doussié blanc	*Afzelia pachyloba*	Caesalpiniaceae	154	0,0440	1,4811
Ebène	*Diospyros crassiflora*	Ebenaceae	19	0,0054	0,1827
Emien	*Alstonia boonei*	Apocynaceae	569	0,1626	5,4722
Essessang	*Ricinodendron heudelotii*	Euphorbiaceae	549	0,1569	5,2799
Eveuss	*Klainedoxa gabonensis*	Irvingiaceae	269	0,0769	2,5870
Eyek	*Pachyelasma tesmannii*	Caesalpiniaceae	8	0,0023	0,0769
Eyong	*Eribloma oblongum*	Sterculiaceae	57	0,0163	0,5482
Eyoum	*Dialium pachyphyllum*	Caesalpiniaceae	4	0,0011	0,0385
Fraké	*Terminalia superba*	Combretaceae	825	0,2357	7,9342
Fromager	*Ceiba pentandra*	Bombacaceae	97	0,0277	0,9329
Ilomba	*Pycnanthus angolensis*	Myriticaceae	455	0,1300	4,3758
Iroko	*Chlorophora excelsa*	Moraceae	309	0,0883	2,9717
Kossipo	*Entandrophragma candollei*	Meliaceae	155	0,0443	1,4907
Kotibé	*Nesogordonia papaverifera*	Sterculiaceae	75	0,0214	0,7213
Landa	*Erythroxylum mannii*	Erythroxylaceae	127	0,0363	1,2214
Limbali	*Gilbertiodendron dewevrei*	Cesalpiniaceae	172	0,0491	1,6542
Longhi	*Gambeya africana*	Sapotaceae	73	0,0209	0,7021
Moabi	*Baillonnella toxisperma*	Sapotaceae	69	0,0197	0,6636
Moambé jaune	*Enanthia chlorantha*	Annonaceae	126	0,0360	1,2118
Movingui	*Distemonanthus benthamianus*	Cesalpiniaceae	24	0,0069	0,2308
Mubala	*Penthaclethra macrophylla*	Mimosaceae	266	0,0760	2,5582
Mukulungu	*Austranella congolensis*	Sapotaceae	40	0,0114	0,3847
Niové	*Staudtia Kamerunensis*	Myriticaceae	9	0,0026	0,0866
Oboto	*Mammea africana*	Guttifereae	6	0,0017	0,0577
Okan, Adoum	*Cylicodiscus gabonensis*	Mimosaceae	433	0,1237	4,1643
Olon, Bongo	*Fagara heitzii*	Rutaceae	123	0,0351	1,1829
Padouk rouge	*Pterocarpus soyauxii*	Papilionaceae	413	0,1180	3,9719
Pao Rosa	*Swartzia fistuloides*	Caesalpiniaceae	28	0,0080	0,2693
Rikio	*Uapaca guineensis*	Euphorbiaceae	319	0,0911	3,0679
Sapelli	*Entandrophragma cylindricum*	Meliaceae	629	0,1797	6,0492
Sipo	*Entandrophragma utile*	Meliaceae	154	0,0440	1,4811
Tali	*Erythrophleum ivorense*	Cesalpiniaceae	515	0,1471	4,9529
Tiama	*Entandrophragma angolense*	Meliaceae	21	0,0060	0,2020
TOTAL			**10530**	**3,0086**	**100**

LES CARTES

Les cartes

Carte du Cameroun méridional

Carte des forêts communautaires de Ngoyla

Forêts communautaires de la CAFT

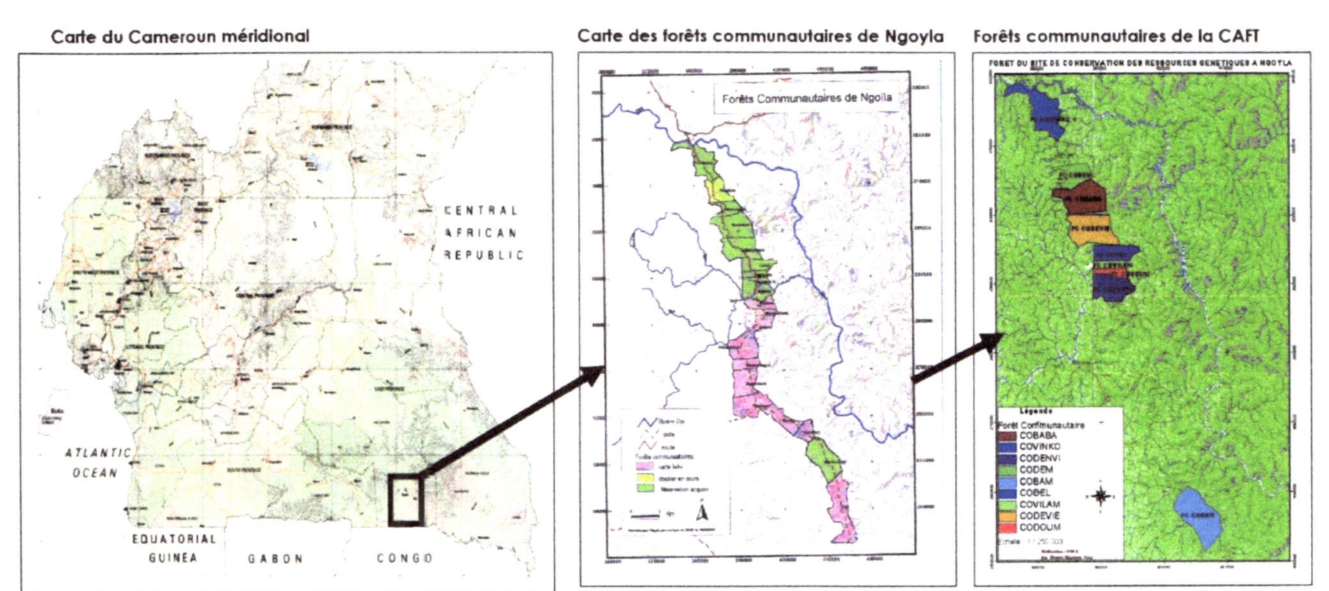

Listes des produits forestiers non ligneux d'origine végétale

Nom commercial	Noms scientifiques	Parties utilisées	Utilisations
Abalé	*Pethersianthus macrocarpus*	Ecorces	Pharmacologique (hémorroïdes, toux)
Abam	*Chrisophyllum lacourtiana*	Ecorces	Pharmacologique, Alimentaire
Aiélé / Abel	*Canarium schweinfurthii*	Ecorces, Fruits, Exsudats	Pharmacologique (paludisme), Alimentaire
Alep	*Desbordesia glaucescens*	Ecorces, Fruits	Pharmacologique, Aromatique (condiment)
Amvout	*Trichoscypha arborea*	Ecorces	Pharmacologique
Andok	*Irvingia gabonensis*	Ecorces, Fruits	Pharmacologique, Alimentaire (fruits), Aromatique (amandes)
Angueuk	*Ongokea gore*	Ecorces	Pharmacologique
Assamela	*Pericopsis elata*	Ecorces	Pharmacologique
Bété	*Mansonia altissima*	Ecorces	Pharmacologique
Bibolo afum	*Syzygium rowlandii*	Ecorces	Pharmacologique
Bilinga	*Nauclea diderrichii*	Ecorces, Racines, Fruits	Pharmacologique, Alimentaire (fruits coupe faim)
Bubinga	*Guirboutia demeusei*	Ecorces	Pharmacologique
Dabéma	*Piptadeniastrum africanum*	Ecorces	Pharmacologique
Emien	*Alstonia boonei*	Ecorces	Pharmacologique (paludisme)
Essessang	*Ricinodendron heudelotii*	Ecorces, Amandes	Pharmacologique, Aromatique (amandes)
Eveuss	*Klainedoxa gabonensis*	Ecorces, fruits	Pharmacologique, Alimentaire
Eyong	*Eribloma oblongum*	Ecorces	Pharmacologique
Fraké	*Terminalia superba*	Ecorces	Pharmacologique (Hernie)
Ilomba	*Pycnanthus angolensis*	Ecorces	Pharmacologique (toux)
Iroko	*Chlorophora excelsa*	Ecorces, graines, feuilles, exsudats	Pharmacologique, Alimentaire
Kotibé	*Nesogordonia papaverifera*	Ecorces	Pharmacologique
Landa	*Erythroxylum mannii*	Fruits	Alimentation
Moabi	*Baillonnella toxisperma*	Ecorces, Fruits, Amandes	Pharmacologique, Alimentaire, Aromatique
Mukulungu	*Austranella congolensis*	Ecorces	Pharmacologique
Okan	*Cylicodiscus gabonensis*	Ecorces	Pharmacologique
Padouk r.	*Pterocarpus soyauxii*	Ecorces	Pharmacologique
Tali	*Erythrophleum ivorense*	Ecorces	Pharmacologique
Wawabina	*Sterculia rhinopetala*	Ecorces	Pharmacologique
Safoutier	*Dacryodes edulis*	Ecorces, Fruits	Pharmacologique, Alimentaire
Palmier à raphia		Tiges, Sèves de palmier	Construction, Artisanat, boisson
Palmier à huile	*Elaies guineensis*	Noix, Sève de palme	Alimentation, boisson, artisanat, construction
Bitter kola	*Garcinia kola*	Noix	Alimentaire
Noix de kola	*Cola nitida, Cola acuminata*	Noix	Alimentaire
Bambou de chine	*Arundinaria alpina, Oxytenanthera abyssinica*	Tiges	Construction, Artisanat
Casse mango	*Spondias cythère*	fruits	Alimentaire
Rotin	*Laccosperma spp, Eremospatha spp, Oncocalamus tuteyi*	Tiges	Artisanat, construction
Okok	*Gnetum africana*	feuilles	Alimentaire
Liane			
Miel			Alimentaire, Pharmacologique

BIBLIOGRAPHIE

Betty Amouko Jackson. 2004. Etude de la chasse villageoise à la périphérie Ouest du Sanctuaire à Gorilles de Mengamé : Cas du village Bitché. Mémoire de fin d'études, cycle des Ingénieurs des Eaux, Forêts et Chasse. Université de Dschang.

Bikié Mindang, D. R. 2005. Contribution à l'élaboration du plan simple de gestion de la forêt communautaire du village Atong au Sud Cameroun. Mémoire de fin d'études, cycle des Ingénieurs des Eaux, Forêts et Chasse. Université de Dschang.

Britta, J. 1998. Utilisation des produits secondaires par les Baka et les Bagando dans la région de Lobéké au sud-est Cameroun : Etude de cas GTZ/ PROFORMAT. 38 P.

Direction des douanes. 2004. Arrêté N° 04/00373/CF/A/MINFI du 25 mars 2004. Constatant les valeurs FOB des essences pour le premier semestre de l'exercice 2004. Ministère des finances et du budget. Cameroun.

Ekoumou Abanda Ananie, C., 2000. Analyse de la structure de la forêt communale de LOMIE/MESSOK. Mémoire de fin d'études, cycle des Ingénieurs des Eaux, Forêts et Chasse. Université de Dschang.

FAO. 2001. Evaluation des ressources en produits forestiers non ligneux : Expérience et principes de biométrie. FAO forestry paper. FAO, Rome, 90 P.

Hakizumwami E. 2000. Synthèse et analyse diagnostique de l'utilisation des produits forestiers non ligneux en Afrique Centrale/ contribution à l'élaboration du plan d'action stratégique régional pour la gestion de la biodiversité des écosystèmes forestiers d'Afrique Centrale. 36 P.

Lagarde J.B.1994. Contribution à la connaissance des plantes médicinale de la réserve de faune du DJA. Mémoire présenté à la faculté d'agriculture (filière foresterie). Université de Dschang.

Matongo S. Antoinette, 2002, Etude de cas d'aménagement forestier exemplaire, Exemple de la foret communautaire des Baka de Moague le Bosquet.29 P.

MINEF.1994. Loi 94/01 du 20 Janvier portant régime des forêts, de la faune et de la pêche.

MINEF.1995. Décret N°95/466/PM du 20 Juillet 1995 fixant les modalités d'application du régime de la faune.

MINEF.1995. Décret N°95/531/PM du 23 Août 1995 fixant les modalités d'application du régime des forêts.

MINEF.1998. Manuel des procédures d'attribution et des normes de gestion des forêts communautaires. Presbook press, Limbé. 1O1 P.

Ministère de la coopération française. 1689. Mémento du forestier. Techniques rurales en Afrique.

Ndikumangenge. 2002. Gestion de la forêt pour des usages et valeurs multiples : Atelier régional sur les pratiques de gestion durable des forêts tropicales en Afrique Centrale. Actes de l'atelier FAO Rome 2003.

Ngoua, E. 2001. Draft de l'étude sur les potentialités de valorisation des produits forestiers non ligneux de la forêt communautaire de Moangué le Bosquet. FASA/UDS. Dschang, Cameroun.

Nguele, J. 2001. Evaluation du potentiel en tiges exploitables et d'avenir de la forêt communautaire de Moangué le Bosquet. Mémoire de fin d'études, cycle des Ingénieurs des Eaux, Forêts et Chasse. Université de Dschang.

Nkoum Messoua, Y. 2005. Evaluation de *Irvingia gabonensis* (Andok), *Baillonella toxisperma* (Moabi) et *Ricinodendron heudelotii (Njangsang)* dans les forêts communautaires de Zoulabot 1, Lelene et Doumzock à l'Est Cameroun. Mémoire de fin d'études, cycle des Ingénieurs des Eaux, Forêts et Chasse. Université de Dschang.

OCBB. 2001. Etude socio-économique dans l'arrondissement de Ngoyla. 39 P.

OCBB. 2006. Rapport Capitalisation Projet de conservation des ressources génétiques dans les forets de Ngoyla. 182 P.

ONADEF. 1991. Normes d'inventaire d'aménagement et de pré investissement.

ONADEF. 1995. Directives nationales pour l'aménagement durable des forêts naturelles du Cameroun. 43 P.

Pa'ah Patrice A. 2002, Etude de cas d'aménagement forestier exemplaire, Exemple de la foret communautaire de la CAFT. 25 P.

Twagirashyaka, F. 1999. Valorisation des produits forestiers non ligneux et l'écotourisme dans la région de Lomié. Projet U.I.C.N / DJA et D.Ü. 35 P.